Einstern

Mathematik für Grundschulkinder

1

Themenheft 3

- Die Zahlen bis 20
- Verwandte Aufgaben
- Verdoppeln und Halbieren

Erarbeitet von Roland Bauer und Jutta Maurach

In Zusammenarbeit mit der
Cornelsen Redaktion Grundschule

Cornelsen

Inhaltsverzeichnis

★ Pflichtseiten

☆ Wahlseiten

besprechen in der Gruppe
Weitere Hinweise für die Lehrkraft befinden sich auf der hinteren (inneren) Umschlagseite.

Handlungshinweis

Aufgaben mit unterschiedlichen Anforderungsniveaus:

1 ausrechnen, ausführen, wiedergeben

1 erkennen, fortsetzen, anwenden

1 Lösungswege selbst entwickeln, darstellen, begründen und übertragen

das Arbeitsgedächtnis trainieren
Weitere Hinweise für die Lehrkraft befinden sich auf der hinteren (inneren) Umschlagseite.

Möglichkeit für einen Lernstandsnachweis

Feld zum Markieren erledigter Aufgaben

→ Ü Seite … Hinweis auf die passende Seite in den Übungssternchen

... und ich helfe dir:

schreiben

überlegen

eintragen

erkennen

1

16

13

14

15

17

18

11

⋆ bestimmen Anzahlen durch 1:1-Zuordnung
⋆ wenden das Prinzip der Bündelung bei der Strichlistennotation an
⋆ übertragen bekannte Vorgehensweisen auf den erweiterten Zahlenraum

1

2

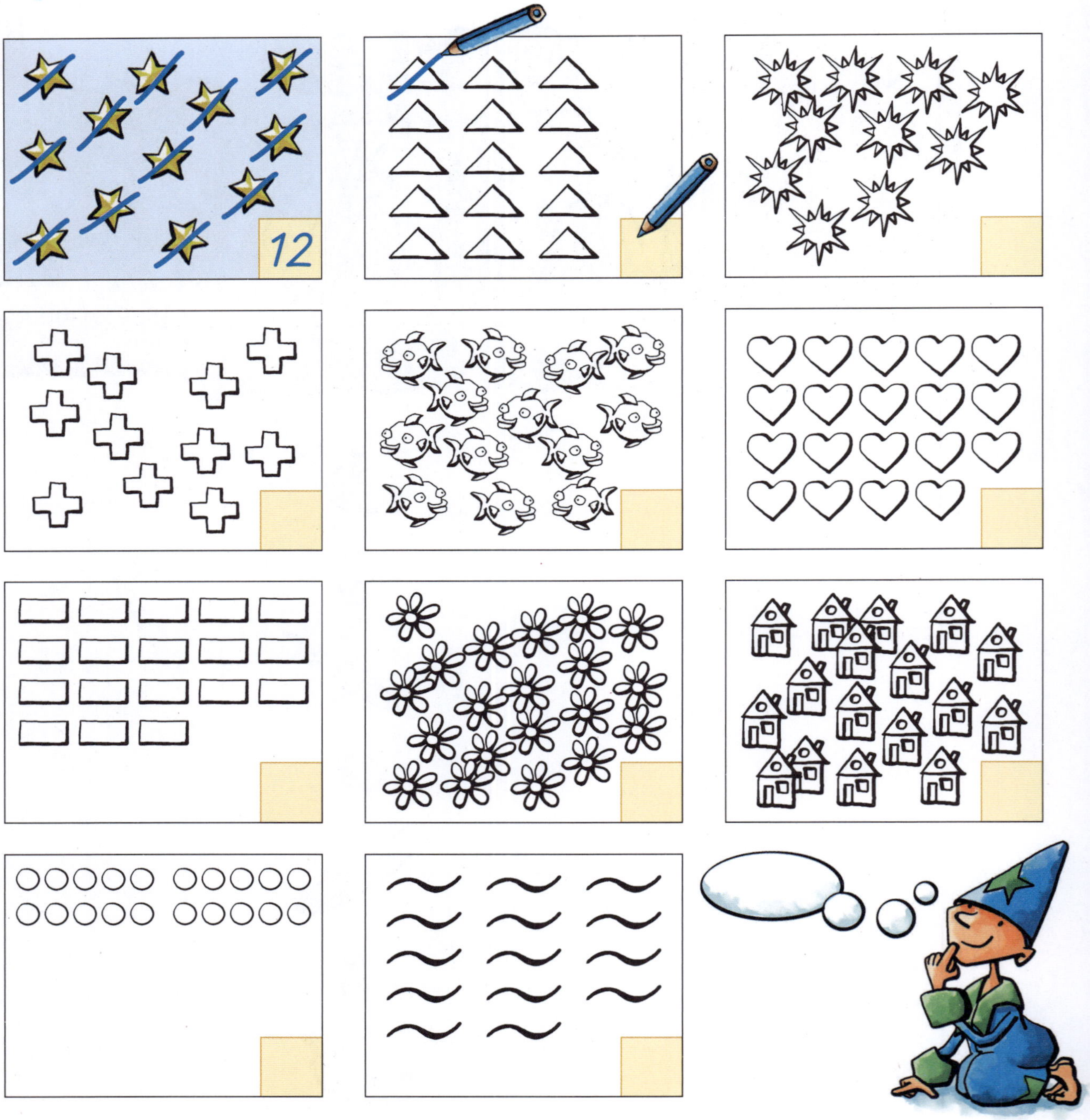

* nutzen Strukturen in Mengendarstellungen zur Anzahlbestimmung
* erläutern Gemeinsamkeiten und Unterschiede von Zahldarstellungen an Beispielen

Mit Fingern Zahlen darstellen und erkennen

1

2

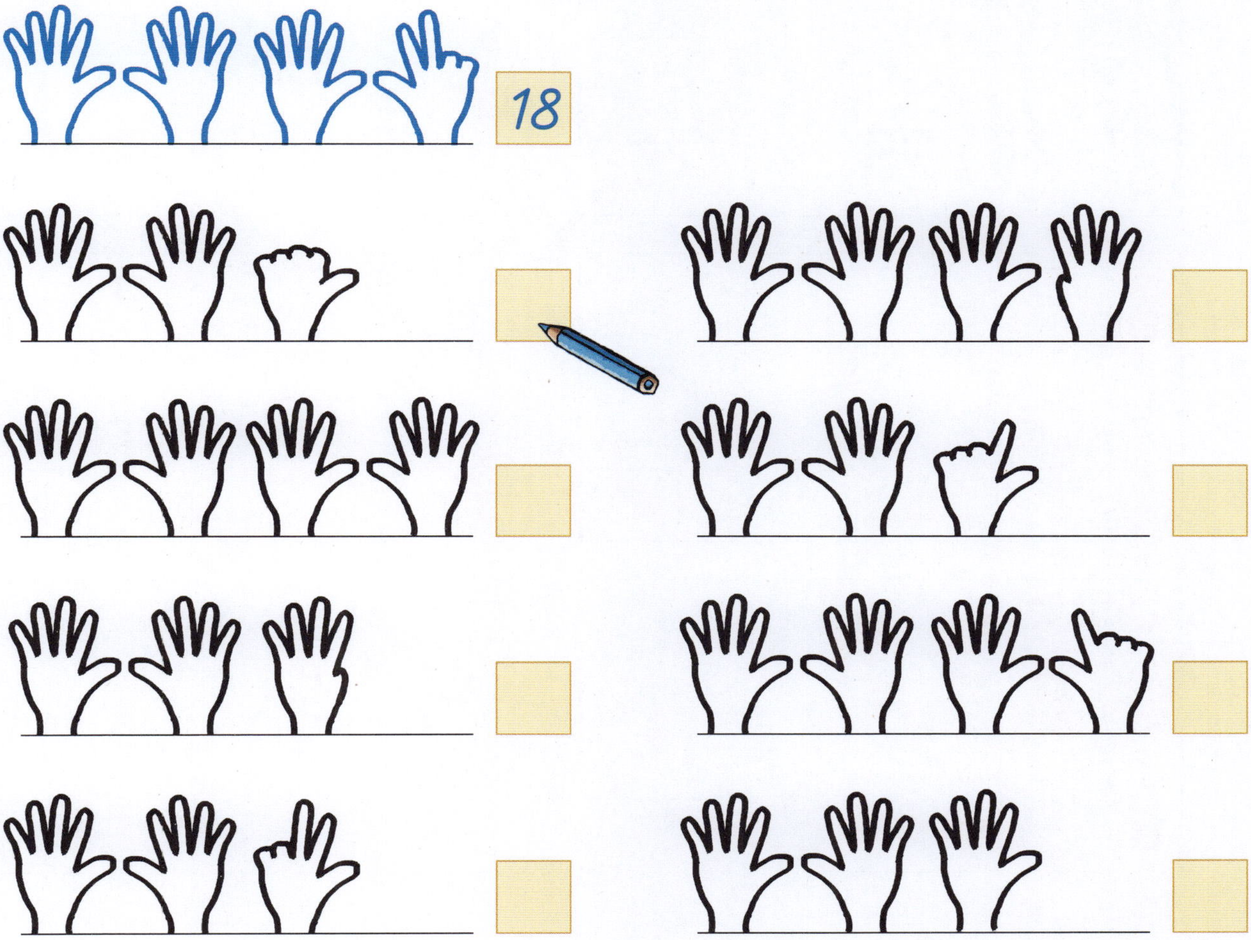

7 4 ○ △ ▭

10 3 9 ○ △ ▭

6 1 8 7 ○ △ ▭

Zahlen aus Zehnern und Einern bilden

1

2

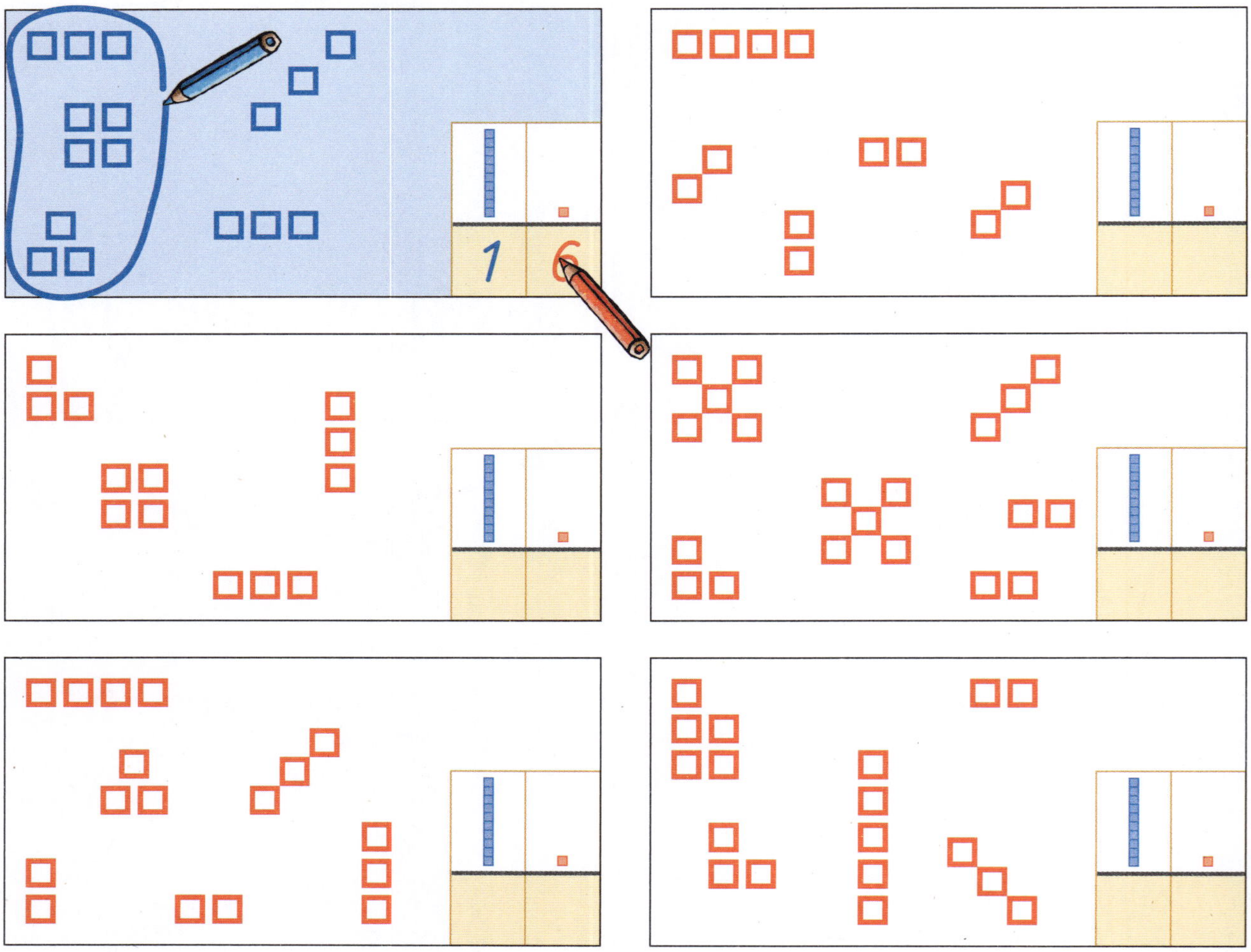

3

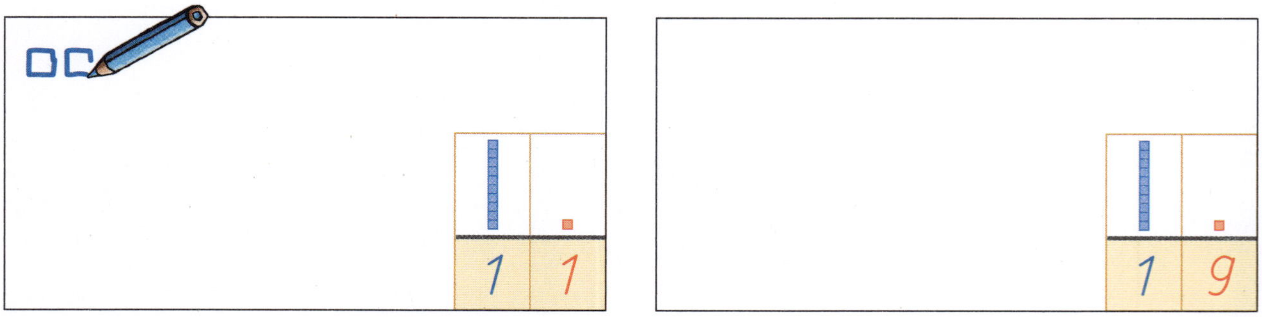

* stellen Zahlen unter Anwendung der Struktur des Zehnersystems dar (Bündelung, Stellenwert)
* nutzen Strukturen in Zahldarstellungen zur Anzahlbestimmung
* übertragen bekannte Vorgehensweisen auf ähnliche Sachverhalte

Zehner und Einer zusammenfügen

1

2

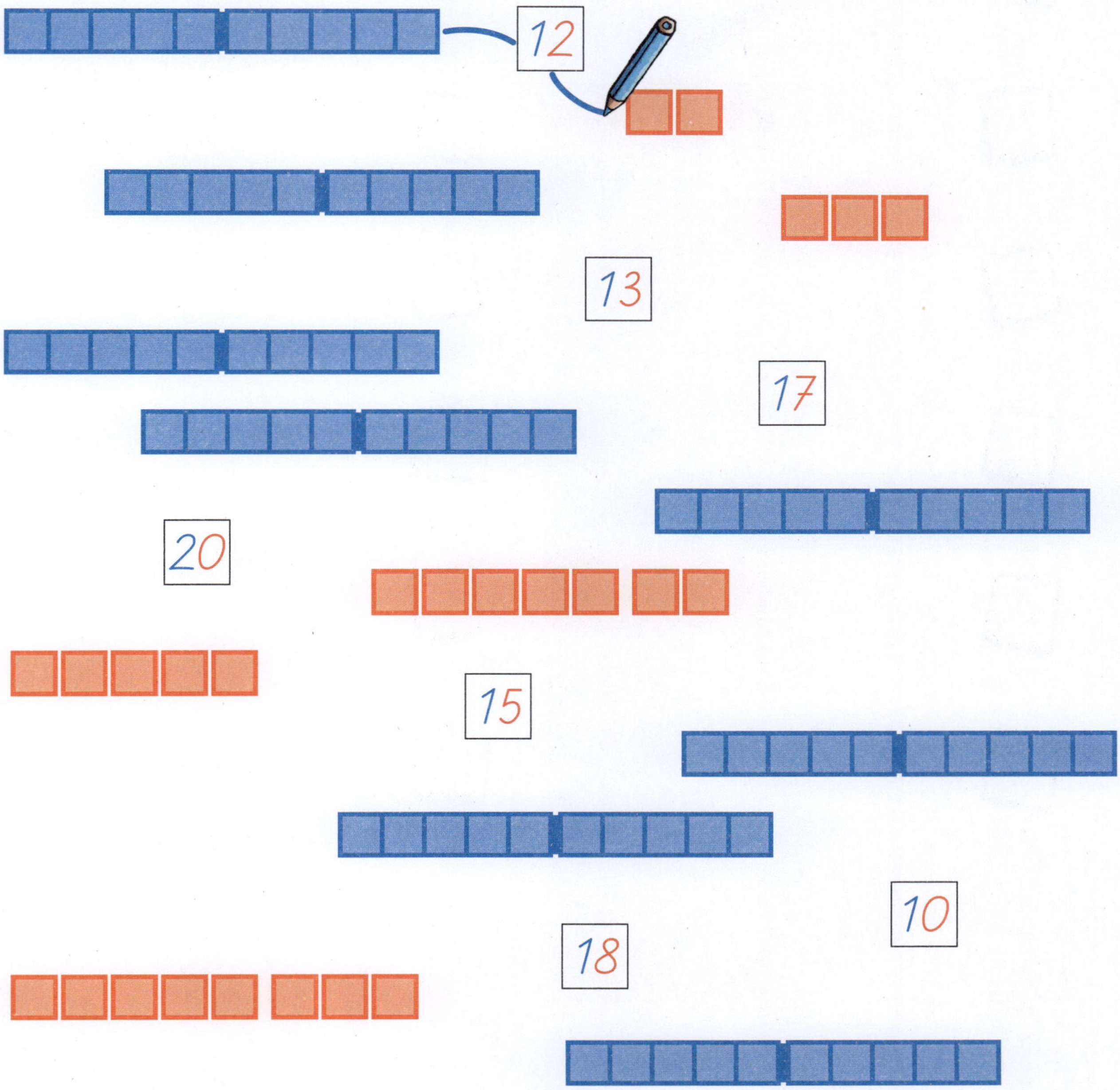

⋆ stellen Zahlen unter Anwendung der Struktur des Zehnersystems dar
⋆ nutzen Strukturen des Zehnersystems zur Anzahlerfassung
⋆ übertragen eine Darstellung in eine andere

1

2

15	10
11	7
16	19
13	9
18	12
17	

13 11 → △ □ ○

16 12 20 → △ □ ○

15 8 11 7 → △ □ ○

* stellen Zahlen unter Anwendung der Struktur des Zehnersystems dar
* führen Zahldarstellungen ineinander über
* übertragen bekannte Vorgehensweisen auf den erweiterten Zahlenraum

→ Ü Seite 23

Mit Zehnern und Einern Zahlen bilden

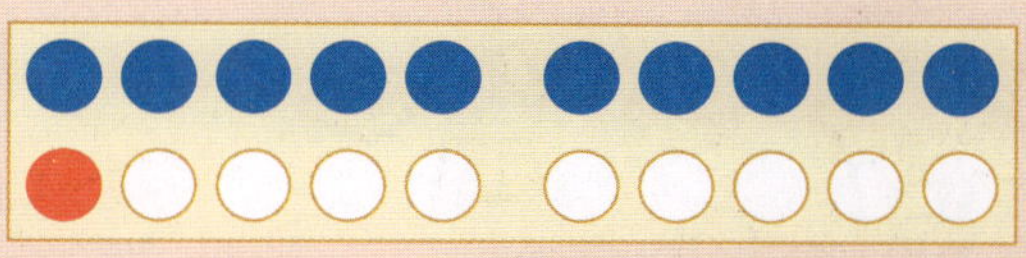

1 Zehner
1 Einer

1

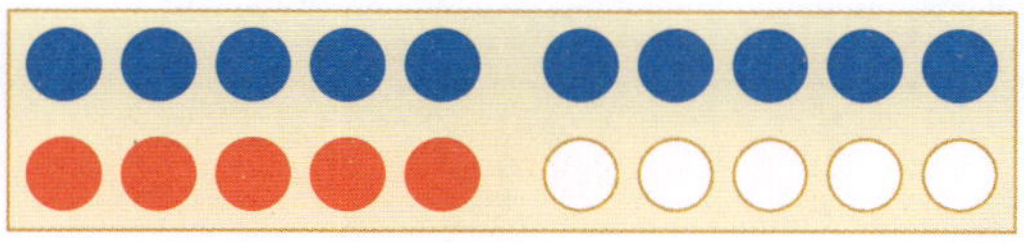

10 + 5 = 15

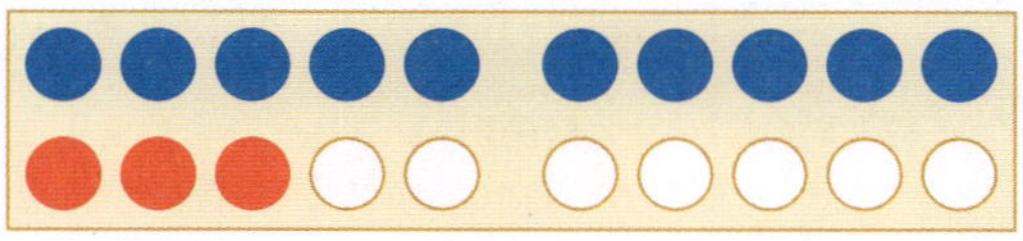

___ + ___ = ___

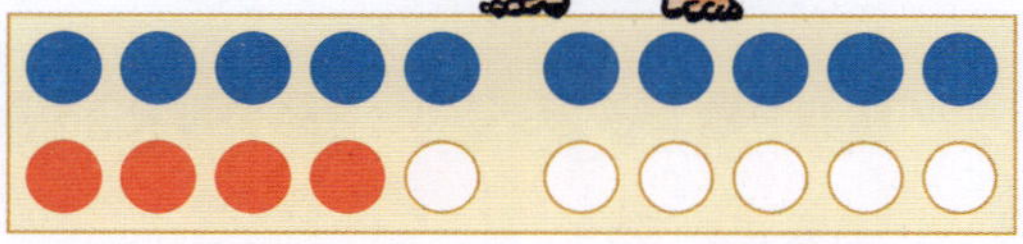

___ + ___ = ___

___ + ___ = ___

___ + ___ = ___

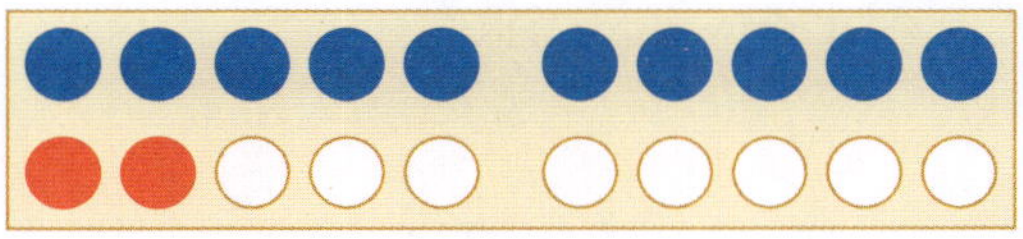

___ + ___ = ___

___ + ___ = ___

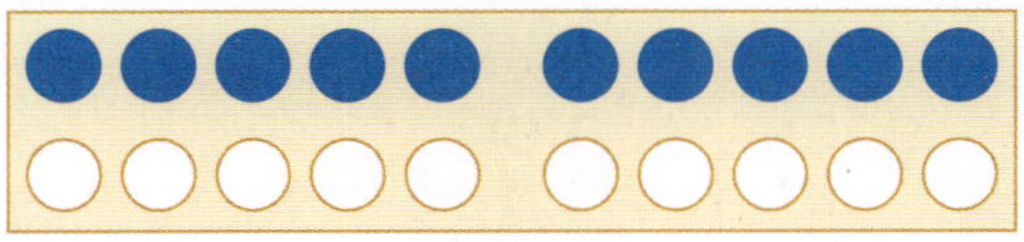

___ + ___ = ___

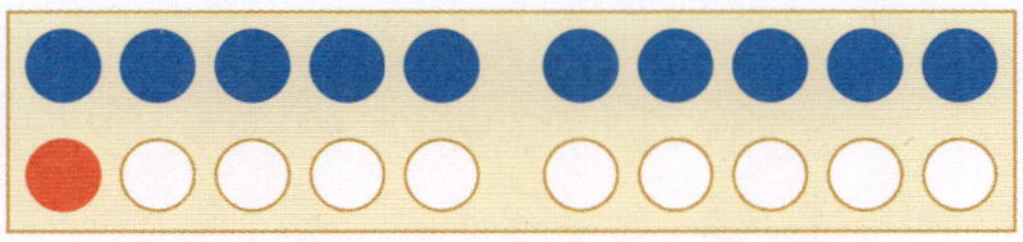

___ + ___ = ___

___ + ___ = ___

___ + ___ = ___

⋆ stellen Zahlen unter Anwendung der Struktur des Zehnersystems dar
⋆ übertragen eine Darstellung in eine andere

Stellentafel kennenlernen

1

2

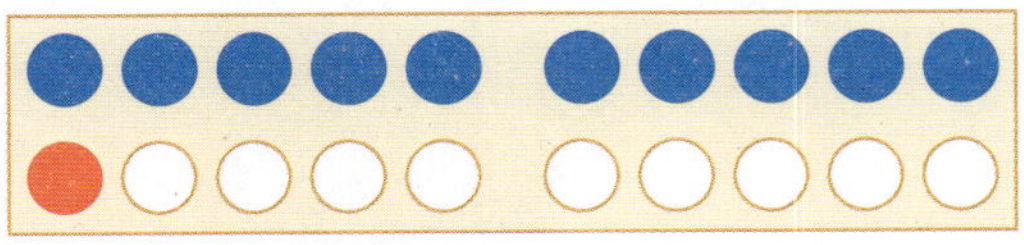

1 Zehner
1 Einer

Zehner	Einer
1	1

Z	E
1	1

11

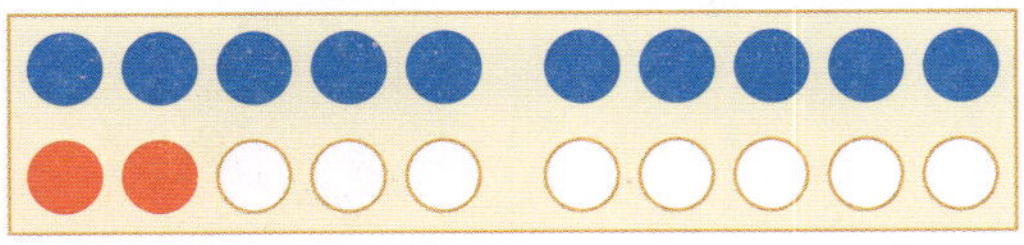

1 Zehner
2 Einer

Zehner	Einer

Z	E

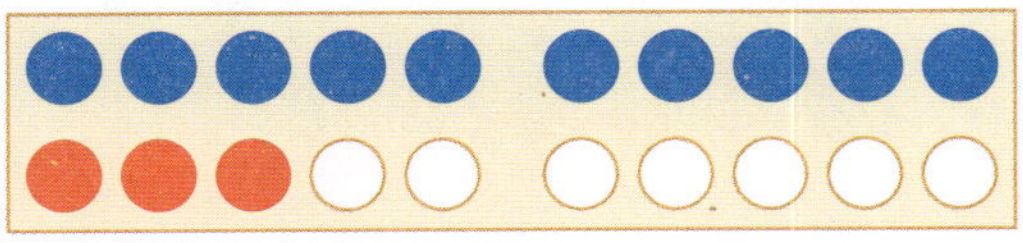

1 Zehner
3 Einer

Zehner	Einer

Z	E

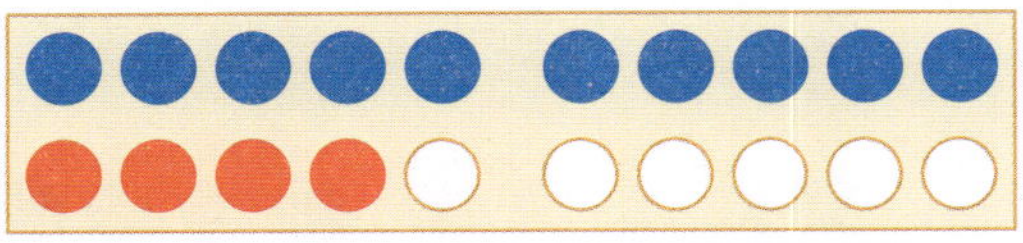

1 Zehner
4 Einer

Zehner	Einer

Z	E

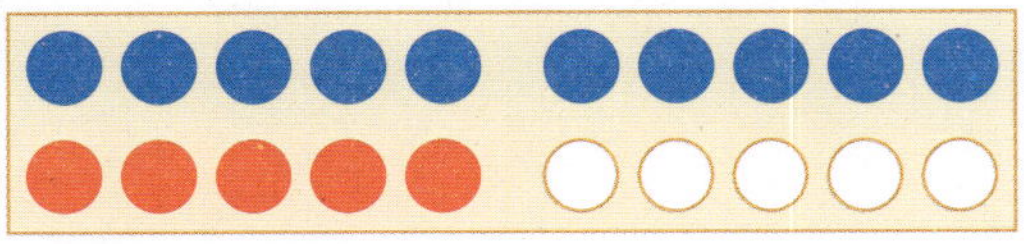

1 Zehner
5 Einer

Zehner	Einer

Z	E

1 Zehner
6 Einer

Zehner	Einer

Z	E

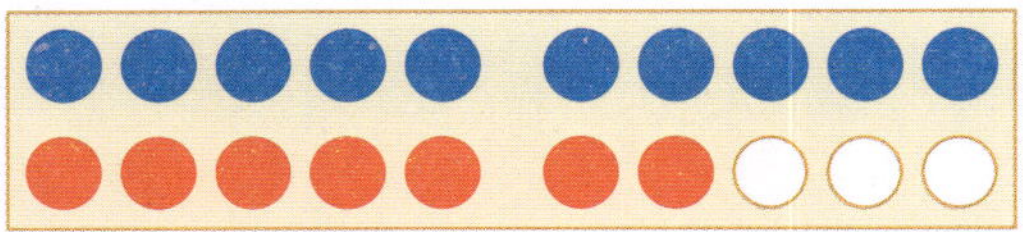

1 Zehner
7 Einer

Zehner	Einer

Z	E

1 Zehner
8 Einer

Zehner	Einer

Z	E

1 Zehner
9 Einer

Zehner	Einer

Z	E

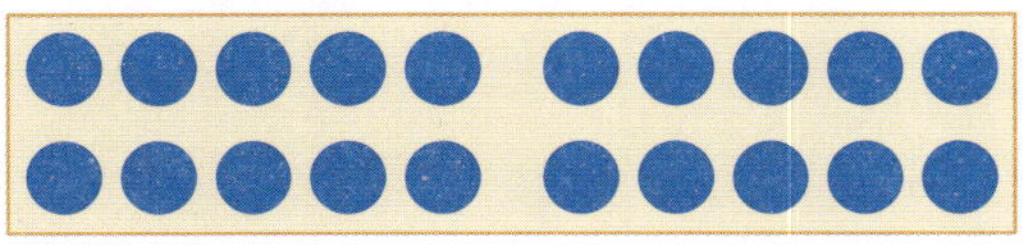

2 Zehner
0 Einer

Zehner	Einer

Z	E

* stellen Zahlen unter Anwendung der Struktur des Zehnersystems dar
* führen Zahldarstellungen ineinander über und verwenden dabei die Stellentafel zur Darstellung der Zehnerbündelung

1

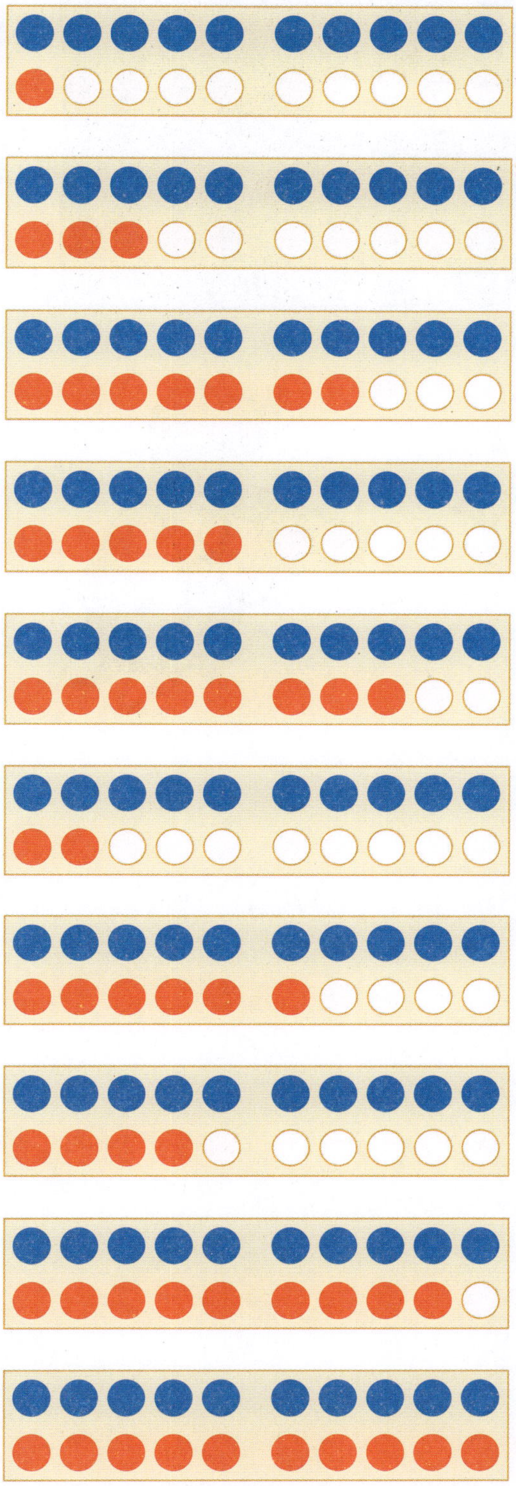

11 = 10 + 1 | Z: 1 | E: 1

13 = 10 + ☐ | Z: ☐ | E: ☐

17 = 10 + ☐ | Z: ☐ | E: ☐

15 = 10 + ☐ | Z: ☐ | E: ☐

18 = 10 + ☐ | Z: ☐ | E: ☐

12 = ☐ + ☐ | Z: ☐ | E: ☐

16 = ☐ + ☐ | Z: ☐ | E: ☐

14 = ☐ + ☐ | Z: ☐ | E: ☐

19 = ☐ + ☐ | Z: ☐ | E: ☐

20 = ☐ + ☐ | Z: ☐ | E: ☐

→ 11 8
☐ ◯ ☐

→ 20 9 13
☐ ◯ ☐

→ 15 9 13 7
☐ ◯ ☐

→ Ü Seiten 24 und 25

⋆ stellen Zahlen unter Anwendung der Struktur des Zehnersystems dar
⋆ führen Zahldarstellungen ineinander über

Vorgänger und Nachfolger bestimmen

1

2

16	17	18	11		13	10		12	18		20
17		19	9		11	14		16	13		15

3

9	10	11		5			2			19	
	13			15			1			17	

4

13	14	15		19	20	9					14
		2	14					19			11

5

* entdecken und beschreiben Beziehungen zwischen Zahlen
* übertragen bisherige Kenntnisse auf den erweiterten Zahlenraum und verwenden mathematische Fachbegriffe richtig
* erfinden Aufgaben durch Fortsetzen gegebener Aufgaben

Zahlen in der richtigen Reihenfolge verbinden

1

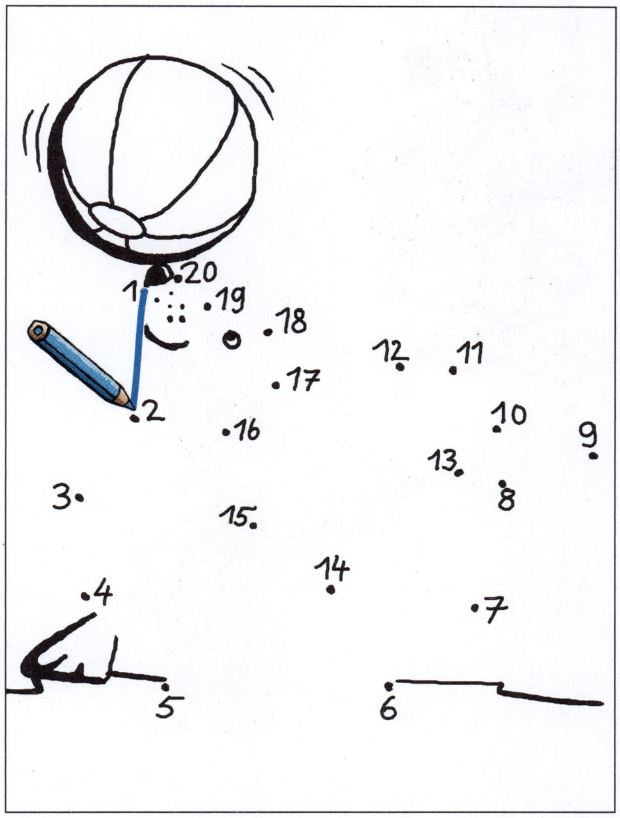

2

Zahlenfolgen vorwärts und rückwärts ergänzen

1

2

17	16		14				10	
			6		4	3		

		10			13	14					
15		13				9					
17		15						9			
8					13						

3

17	5		
19	7	20	
17	15	3	18

○ ▭ △ ○ ▭ △ ○ ▭ △

* orientieren sich im Zahlenraum durch das Darstellen von Zahlenfolgen
* erfinden Aufgaben mit gleicher Struktur
* bearbeiten Aufgabenstellungen gemeinsam, kooperieren und kommunizieren

Zahlenfolgen ergänzen

1

→ Ü Seite 26

⋆ orientieren sich im Zahlenraum durch das Ergänzen von Zahlenfolgen
⋆ erfinden Aufgaben mit gleicher Struktur

Besondere Zahlenfolgen fortsetzen

1

2

+2						
2	4	6				14

20	18					8

3	6	9				21	24	27

18			9		3

3

* übertragen bekannte Vorgehensweisen auf ähnliche Sachverhalte
* stellen Vermutungen über Zusammenhänge an und überprüfen diese anhand von Lösungen
* erfinden Aufgaben mit gleicher Struktur

Zahlen am Zahlenstrahl ablesen und eintragen

1

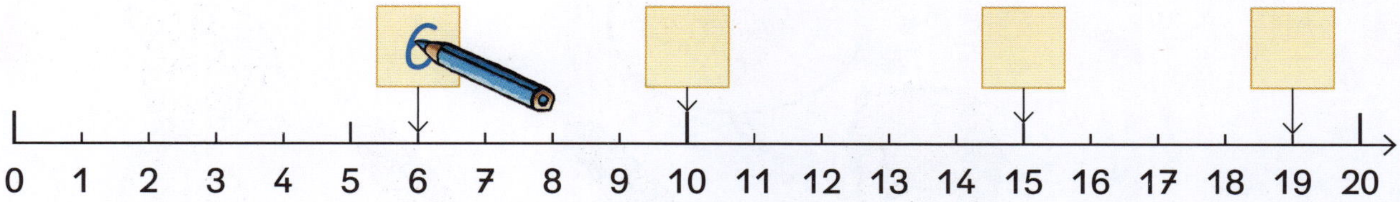

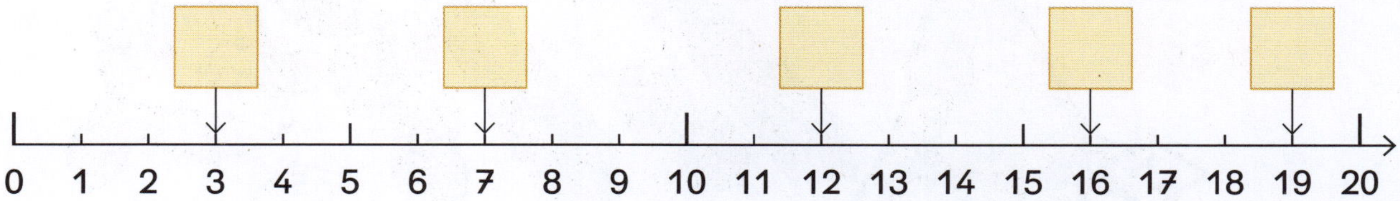

2

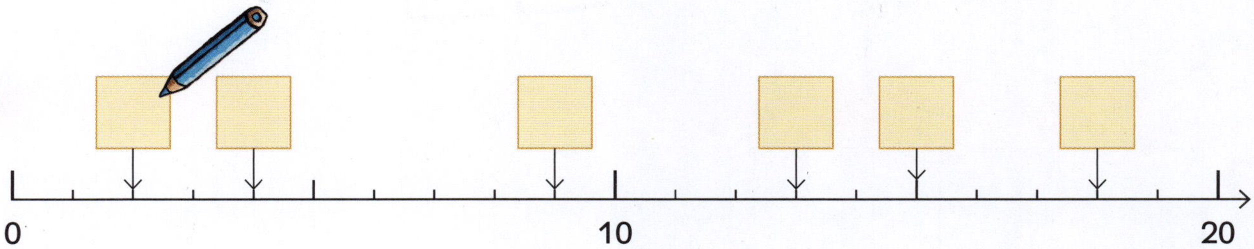

3 ~~5~~, 8, 12, 17, 19

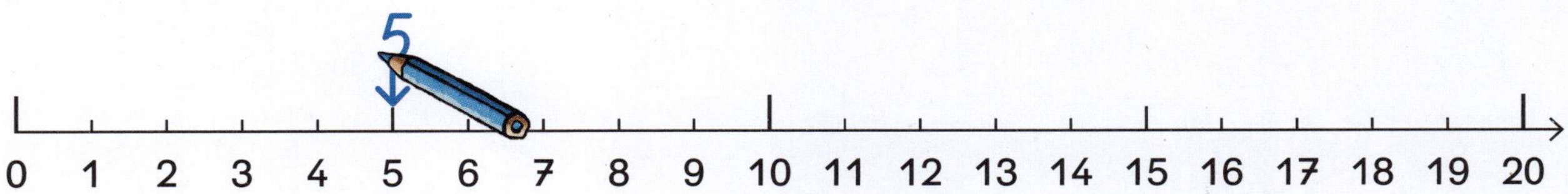

2, 7, 13, 16, 20

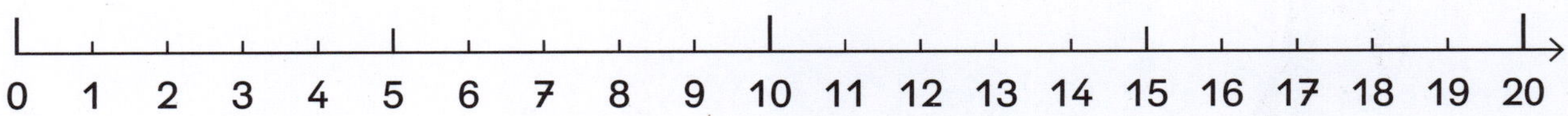

4 ~~3~~, 7, 9, 11, 15, 19

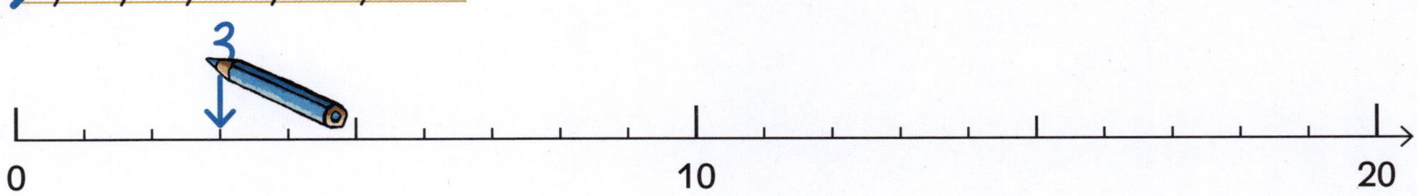

Passende Zahlen finden

1

2

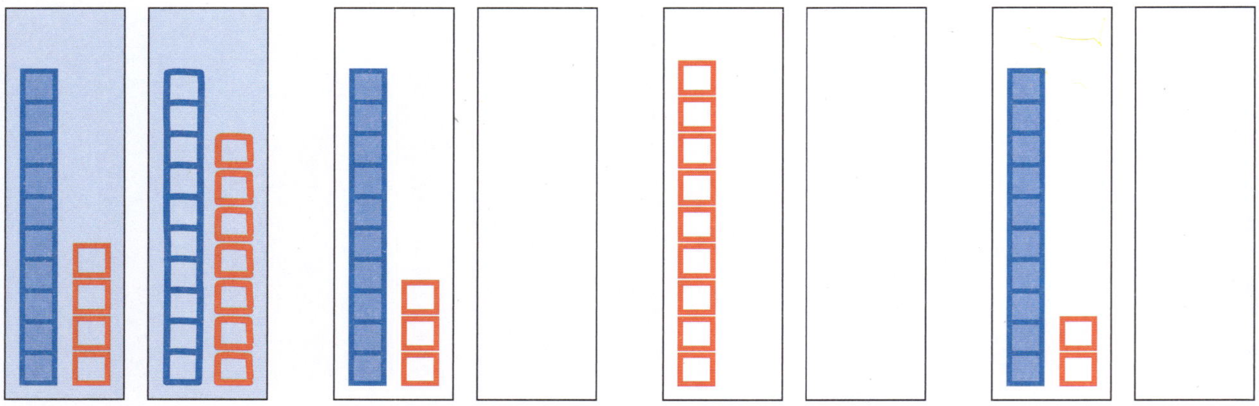

14	<	17	13	>		9	<		12	>	

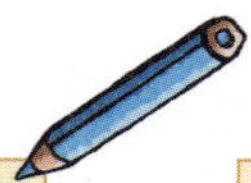

18	>		10	<			>	13
20	>		14	>			<	15
11	>		16	<			>	8
9	<		12	>			<	19
18	<		17	<			>	19

* beschreiben Beziehungen zwischen Zahlen und verwenden dabei geeignete mathematische Zeichen
* übertragen bisherige Kenntnisse und Vorgehensweisen auf den erweiterten Zahlenraum
* lösen Aufgaben gemeinsam, kooperieren und kommunizieren

Das passende Zeichen einsetzen

1

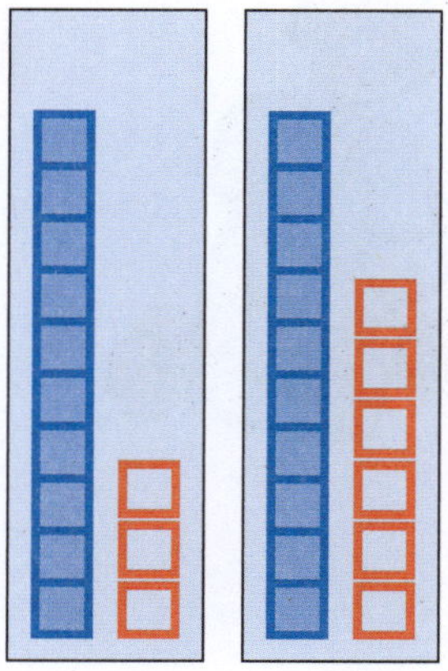

13 < 16

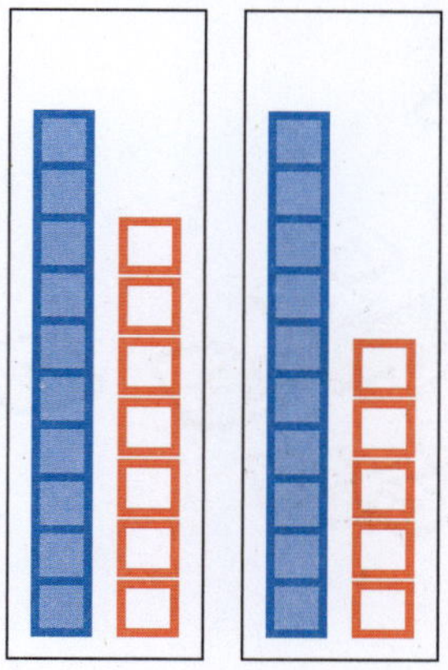

17

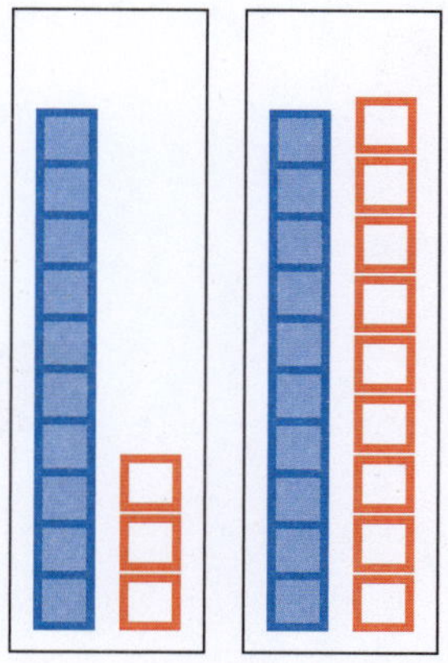

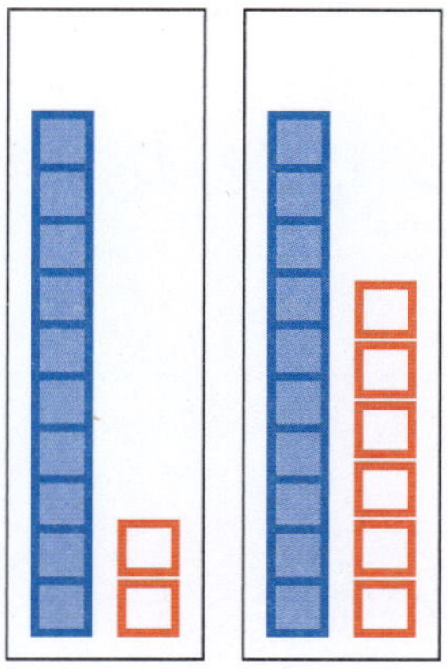

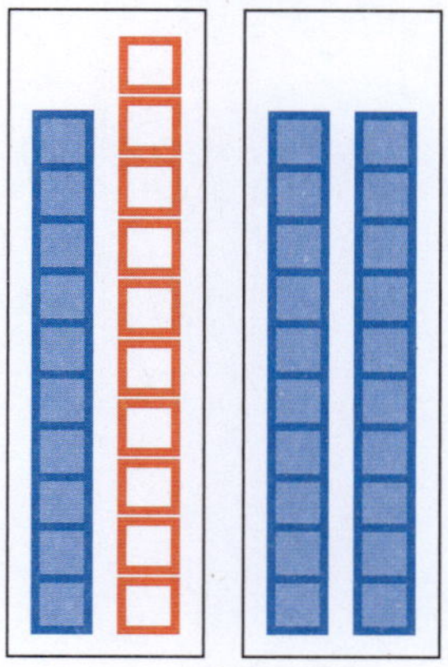

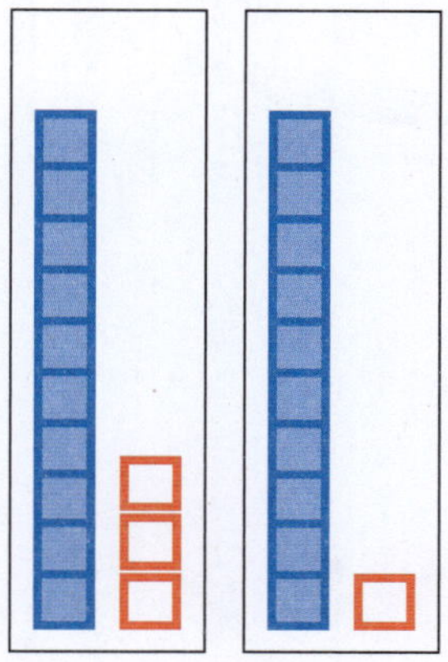

2

13	<	18	10		8	8		12
19		20	15		19	17		15
11		15	18		20	18		16
14		8	17		15	11		14
12		16	19		16	19		17

Zahlen der Größe nach ordnen

1

2

>10 größer als 10			
11	8	9	14
13	12	17	19
15	7	6	20

<15 kleiner als 15			
10	16	17	12
18	13	9	20
14	19	18	6

>13 größer als 13			
12	11	9	19
14	20	18	17
16	7	10	8

3

~~3~~	11	15	~~9~~	10	19
3	9				

8	20	16	9	12	18

7	~~17~~	~~14~~	4	9	12
17	14				

13	18	6	15	11	8

→ 9 13 ☐ ○ △

→ 11 7 20 ☐ ○ △

→ 13 6 19 3 ☐ ○ △

* orientieren sich im Zahlenraum durch Ordnen und Vergleichen von Zahlen
* bearbeiten Aufgabenstellungen gemeinsam, kooperieren und kommunizieren

→ Ü Seite 27

1

4 + 3 = 7
Das ist die kleine Aufgabe.
Dann sind 14 + 3 = 17.
Das ist die große Aufgabe.

2

5 + 4 = 9

15 + 4 = 19

_ + _ = _

_ + _ = _

_ + _ = _

_ + _ = _

_ + _ = _

_ + _ = _

_ + _ = _

_ + _ = _

_ + _ = _

_ + _ = _

1

2

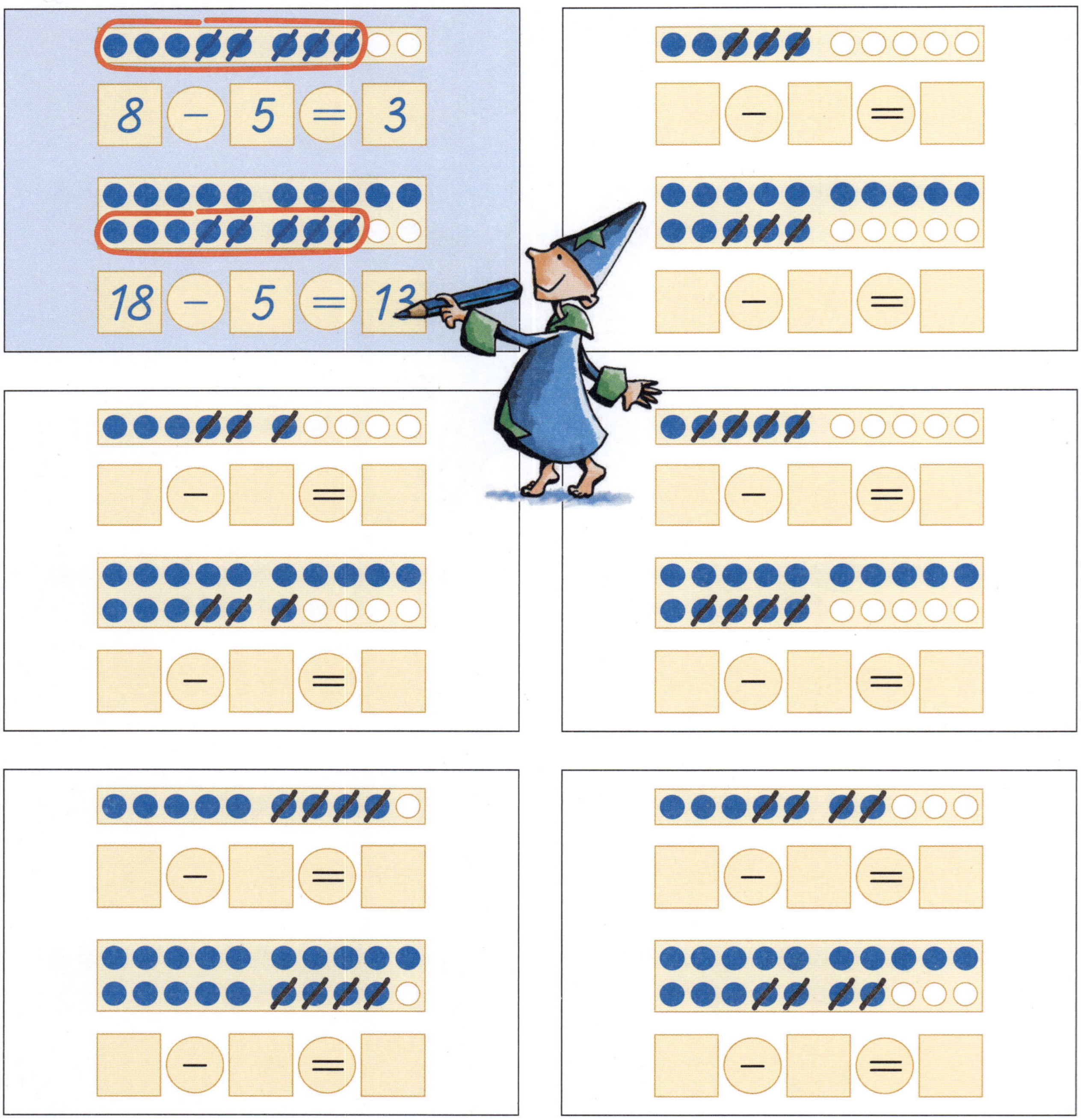

* erkennen Zahlbeziehungen (Analogien) zum vorteilhaften Rechnen
* übertragen ihre Kenntnisse auf den erweiterten Zahlenraum

Verwandte Aufgaben ausrechnen

1

2 + 4 = 6		4 + 4 = □
12 + 4 = 16		14 + 4 = □
3 + 5 = □	2 + 7 = □	2 + 3 = □
13 + 5 = □	12 + 7 = □	12 + 3 = □
7 − 3 = □	9 − 4 = □	5 − 4 = □
17 − 3 = □	19 − 4 = □	15 − 4 = □
8 − 5 = □	9 − 5 = □	8 − 6 = □
18 − 5 = □	19 − 5 = □	18 − 6 = □

2

3 + 4 = □	6 + 4 = □	2 + 5 = □
13 + 4 = □	16 + □ = □	□ + □ = □
9 − 7 = □	10 − 7 = □	8 − 4 = □
□ − □ = □	□ − □ = □	□ − □ = □

3

□ + □ = □	□ − □ = □	□ ○ □ = □
□ + □ = □	□ − □ = □	□ ○ □ = □

→ 5 19

→ 7 13 9

→ 9 15 4 16

⋆ nutzen aufgabenbezogen eine Strategie des Zahlenrechnens (Analogieaufgaben)
⋆ erfinden Aufgaben zu vorgegebenen Strukturen

Kleine Aufgaben finden und berechnen

1

kleine Aufgabe: 4 + 3 = 7
große Aufgabe: 14 + 3 = 17

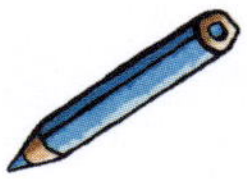

kleine Aufgabe: 2 ____
große Aufgabe: 12 + 7 = ☐

kleine Aufgabe: ____
große Aufgabe: 16 + 3 = ☐

kleine Aufgabe: ____
große Aufgabe: 13 + 5 = ☐

kleine Aufgabe: ____
große Aufgabe: 17 + 2 = ☐

kleine Aufgabe: 9 − 3 = 6
große Aufgabe: 19 − 3 = 16

kleine Aufgabe: ____
große Aufgabe: 17 − 4 = ☐

kleine Aufgabe: ____
große Aufgabe: 16 − 5 = ☐

kleine Aufgabe: ____
große Aufgabe: 18 − 6 = ☐

kleine Aufgabe: ____
große Aufgabe: 15 − 2 = ☐

2

kleine Aufgabe: ____
große Aufgabe: ☐ + ☐ = ☐

kleine Aufgabe: ____
große Aufgabe: ☐ + ☐ = ☐

kleine Aufgabe: ____
große Aufgabe: ☐ − ☐ = ☐

kleine Aufgabe: ____
große Aufgabe: ☐ − ☐ = ☐

* stellen ihren Rechenweg nachvollziehbar dar
* nutzen die kleine Aufgabe als Rechenhilfe
* erfinden Aufgaben zu vorgegebenen Strukturen

→ Ü Seite 29

Verwandte Ergänzungsaufgaben berechnen

1

4 + 2 = 6	3 + ☐ = 6	4 + ☐ = 8
14 + 2 = 16	13 + ☐ = 16	14 + ☐ = 18
7 − ☐ = 5	4 − ☐ = 1	7 − ☐ = 3
17 − ☐ = 15	14 − ☐ = 11	17 − ☐ = 13
7 + ☐ = 10	2 + ☐ = 7	4 + ☐ = 6
17 + ☐ = 20	12 + ☐ = 17	14 + ☐ = 16

2

kleine Aufgabe: ____________

15 + ☐ = 17

kleine Aufgabe: ____________

15 − ☐ = 11

kleine Aufgabe: ____________

12 + ☐ = 16

kleine Aufgabe: ____________

14 − ☐ = 12

3

kleine Aufgabe: ____________

☐ + ☐ = ☐

kleine Aufgabe: ____________

☐ − ☐ = ☐

→ 3 9 — ▭ △ □

→ 8 1 14 — ▭ △ □

→ 12 7 9 14 — ▭ △ □

⋆ stellen ihren Rechenweg nachvollziehbar dar
⋆ nutzen die kleine Aufgabe als Rechenhilfe
⋆ erfinden Aufgaben zu vorgegebenen Strukturen

→ Ü Seiten 30 und 31

+	2	4
3	5	
13	15	

1

+	1	3	2	4
6	7			
16	17			

+	5	4	2	6
4				
14				

−	3	5	2	6
9				
19				

−	4	3	5	7
7				
17				

2

+	2	4	3	
		10		
16				
	7			6
15				
			4	
11				

−		6	5	
	4			5
18				
			4	
19				16
10				
20	16			

* stellen Zusammenhänge zwischen Analogieaufgaben in Tabellenform dar
* wenden ihre vorhandenen mathematischen Kenntnisse, Fähigkeiten und Fertigkeiten bei der Bearbeitung unbekannter Aufgaben an

Muster bei Treppenaufgaben (plus) beschreiben

1

12	+	2	=	14
12	+	3	=	
12	+	4	=	
	+		=	
	+		=	

Blue box:
- ○ immer eins mehr
- ☒ immer gleich
- ○ immer eins weniger

Orange box:
- ○ immer eins mehr
- ○ immer gleich
- ○ immer eins weniger

Green box:
- ○ immer eins mehr
- ○ immer gleich
- ○ immer eins weniger

2

11	+	3	=	
12	+	3	=	
13	+	3	=	
	+		=	
	+		=	

Blue box:
- ○ immer eins mehr
- ○ immer gleich
- ○ immer eins weniger

Orange box:
- ○ immer eins mehr
- ○ immer gleich
- ○ immer eins weniger

Green box:
- ○ immer eins mehr
- ○ immer gleich
- ○ immer eins weniger

3

12	+	6	=	
13	+	5	=	
14	+	4	=	
	+		=	
	+		=	

Blue box:
- ○ immer eins mehr
- ○ immer gleich
- ○ immer eins weniger

Orange box:
- ○ immer eins mehr
- ○ immer gleich
- ○ immer eins weniger

Green box:
- ○ immer eins mehr
- ○ immer gleich
- ○ immer eins weniger

* stellen Vermutungen über mathematische Zusammenhänge an und überprüfen diese durch Fortsetzen der Aufgabenreihen

Muster bei Treppenaufgaben (minus) beschreiben

1

18	−	2	=	
18	−	3	=	
18	−	4	=	
	−		=	
	−		=	

Blaues Kästchen:
- ○ immer eins mehr
- ☒ immer gleich
- ○ immer eins weniger

Rotes Kästchen:
- ○ immer eins mehr
- ○ immer gleich
- ○ immer eins weniger

Grünes Kästchen:
- ○ immer eins mehr
- ○ immer gleich
- ○ immer eins weniger

2

13	−	2	=	
14	−	3	=	
15	−	4	=	
	−		=	
	−		=	

Blaues Kästchen:
- ○ immer eins mehr
- ○ immer gleich
- ○ immer eins weniger

Rotes Kästchen:
- ○ immer eins mehr
- ○ immer gleich
- ○ immer eins weniger

Grünes Kästchen:
- ○ immer eins mehr
- ○ immer gleich
- ○ immer eins weniger

3

19	−	4	=	
18	−	4	=	
17	−	4	=	
	−		=	
	−		=	

Blaues Kästchen:
- ○ immer eins mehr
- ○ immer gleich
- ○ immer eins weniger

Rotes Kästchen:
- ○ immer eins mehr
- ○ immer gleich
- ○ immer eins weniger

Grünes Kästchen:
- ○ immer eins mehr
- ○ immer gleich
- ○ immer eins weniger

★ stellen Vermutungen über mathematische Zusammenhänge an und überprüfen diese durch Fortsetzen der Aufgabenreihen

1

16	17	18	19
13 + 3			

~~13 + 3~~	11 + 7	19 − 3	20 − 4
20 − 1	16 + 2	14 + 3	11 + 5
19 − 1	12 + 7	20 − 3	17 + 2
12 + 5	20 − 2	13 + 6	18 − 1
15 + 4	14 + 2	19 − 2	15 + 3

★ wenden ihre vorhandenen mathematischen Kenntnisse, Fähigkeiten und Fertigkeiten bei der Lösung von Plus- und Minusaufgaben an

Mit dem Spiegel verdoppeln

1

2 + 2 = 4

☐ + ☐ = ☐

☐ + ☐ = ☐

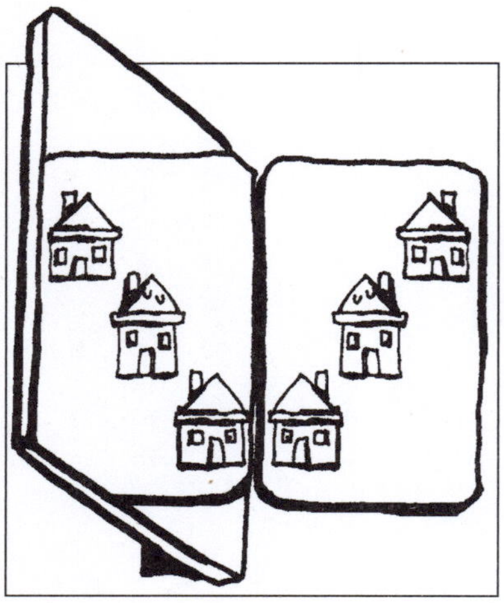

☐ + ☐ = ☐

☐ + ☐ = ☐

☐ + ☐ = ☐

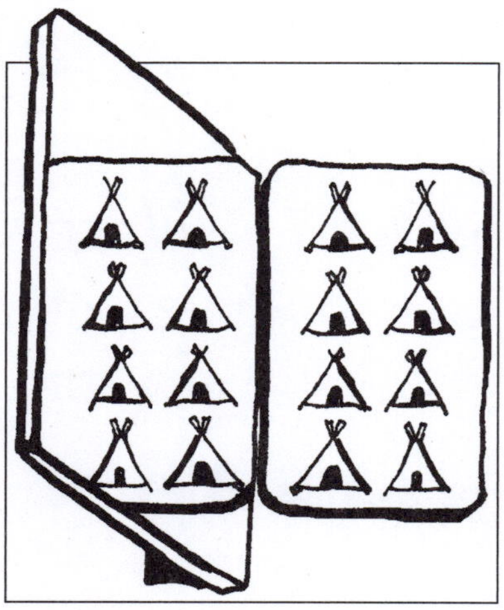

☐ + ☐ = ☐

☐ + ☐ = ☐

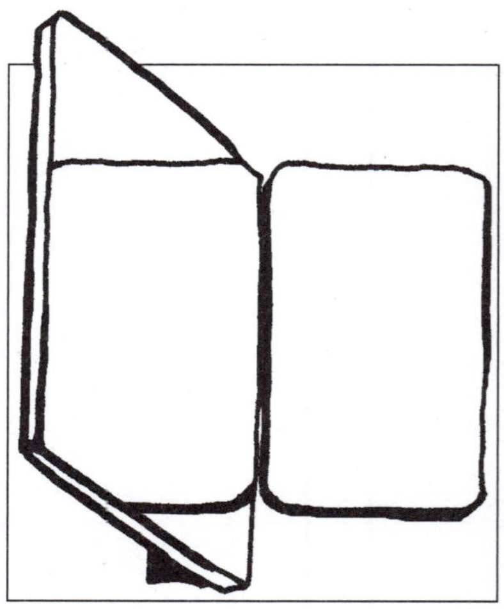

☐ + ☐ = ☐

* übertragen eine Darstellungsform in eine andere
* entdecken und beschreiben Beziehungen zwischen Zahlen (verdoppeln)
* erfinden Aufgaben zu vorgegebenen Strukturen

1

2

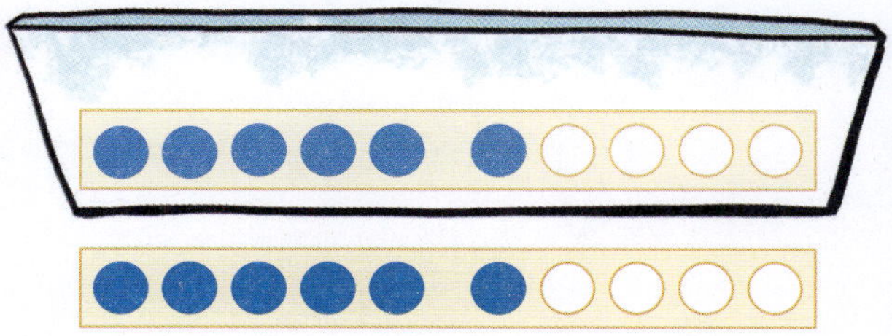

6 + 6 = 12

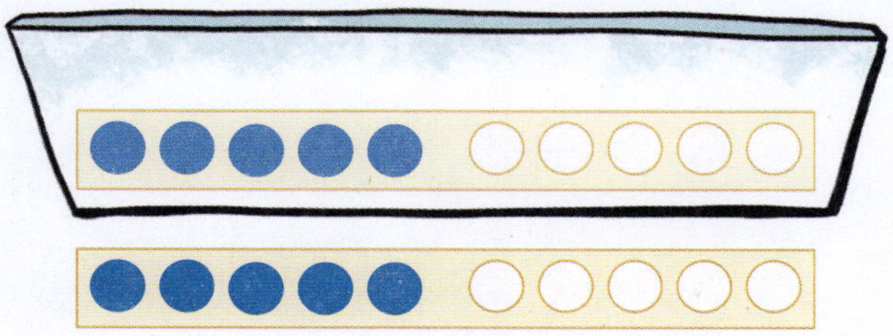

☐ + ☐ = ☐

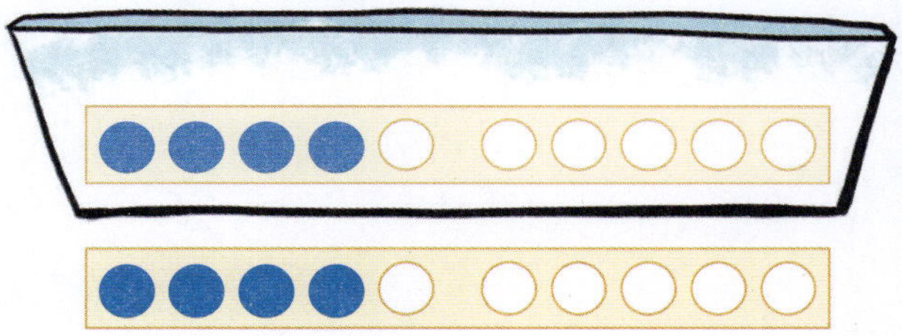

☐ + ☐ = ☐

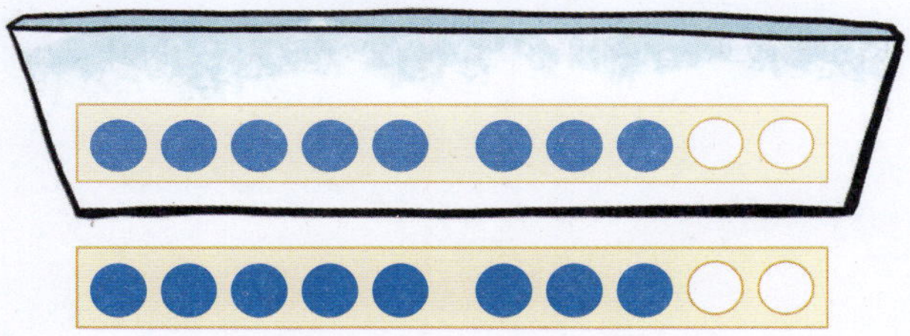

☐ + ☐ = ☐

☐ + ☐ = ☐

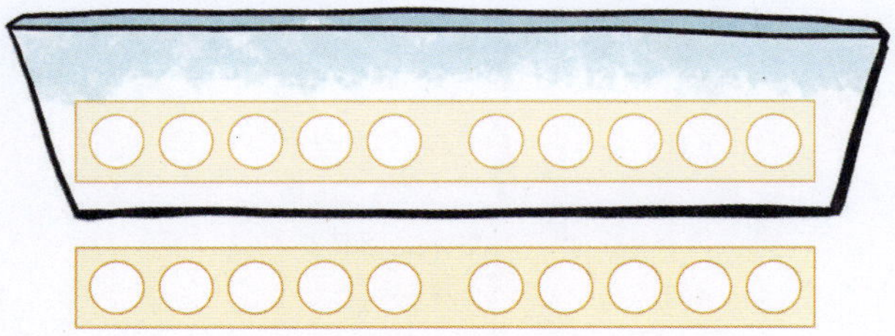

☐ + ☐ = ☐

3

Zahl	1	4	9	6	2	8	10	3	5	7
das Doppelte	2									

⋆ übertragen eine Darstellungsform in eine andere
⋆ entdecken und beschreiben Beziehungen zwischen Zahlen (verdoppeln)
⋆ erfinden Aufgaben zu vorgegebenen Strukturen

Muster verdoppeln

1

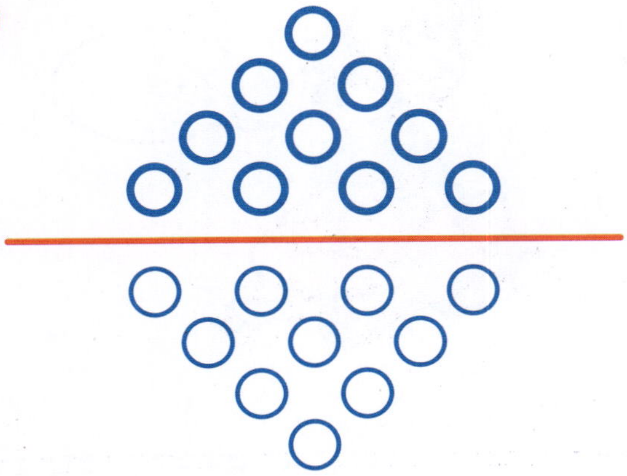

□ + □ = □   □ + □ = □

□ + □ = □   □ + □ = □

2

□ + □ = □   □ + □ = □

⋆ wenden bereits vorhandene mathematische Kenntnisse, Fähigkeiten und Fertigkeiten an
⋆ erfinden Aufgaben zu vorgegebenen Strukturen

1

2

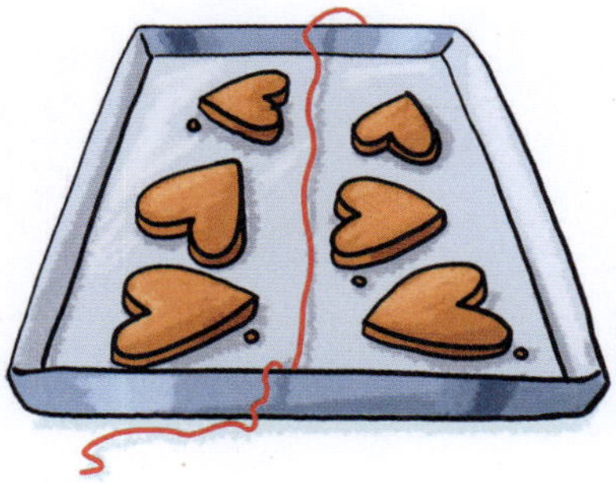

6 = 3 + 3

__ = __ + __

__ = __ + __

__ = __ + __

__ = __ + __

__ = __ + __

⋆ übertragen eine Darstellungsform in eine andere
⋆ entdecken und beschreiben Beziehungen zwischen Zahlen (halbieren)

Zahlen halbieren

1

2

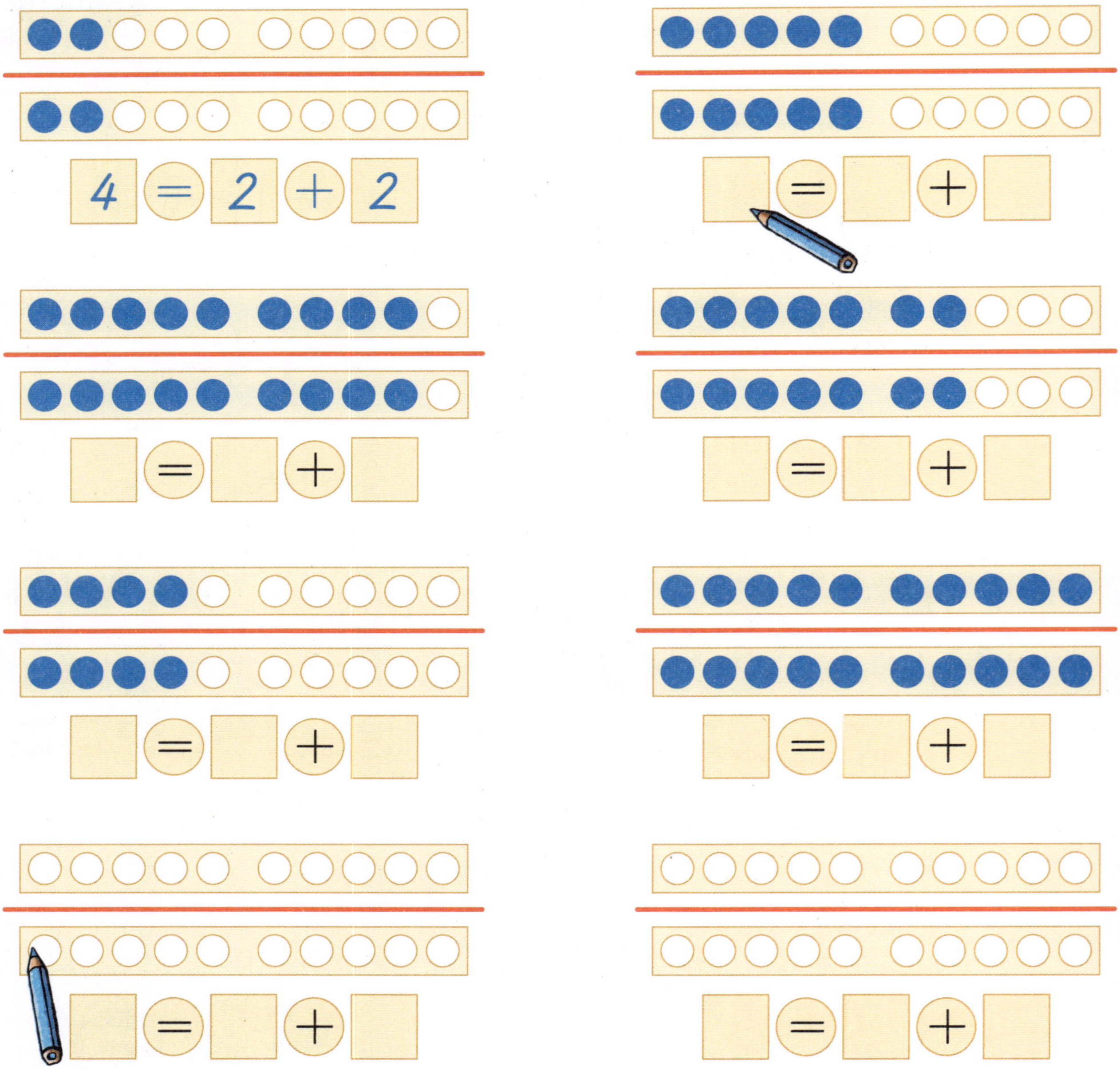

3

Zahl	2	14	8	16	4	20	10	6	18	12
die Hälfte	1									

* übertragen eine Darstellungsform in eine andere
* entdecken und beschreiben Beziehungen zwischen Zahlen (halbieren)
* erfinden Aufgaben zu vorgegebenen Strukturen

→ Ü Seite 32

1

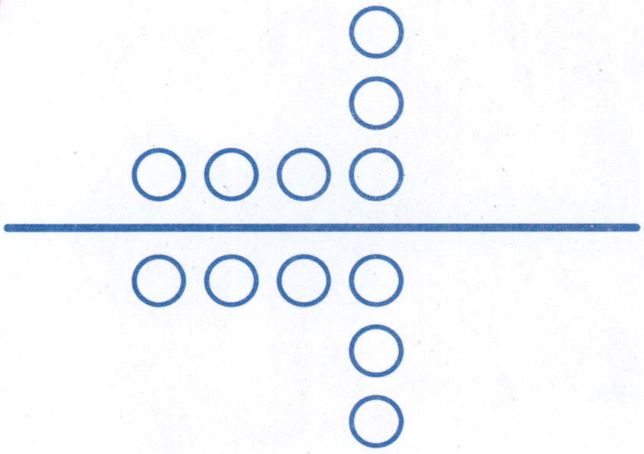

12 − 6 = 6

☐ − ☐ = ☐

☐ − ☐ = ☐

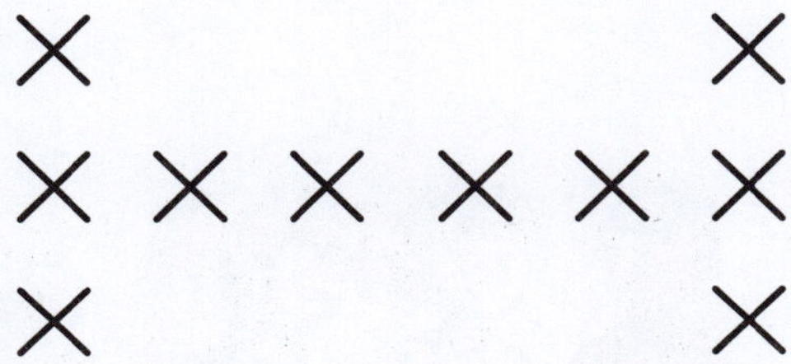

☐ − ☐ = ☐

2

☐ − ☐ = ☐

☐ − ☐ = ☐

⋆ wenden bereits vorhandene mathematische Kenntnisse, Fähigkeiten und Fertigkeiten an
⋆ erfinden Aufgaben zu vorgegebenen Strukturen

1

2

Kinder	1	4	7	2	5	10	8	3		
Schuhe	2									

Schuhe	6	12	18	4	20	8	14	2		
Kinder	3									

* entnehmen Darstellungen der Lebenswirklichkeit relevante Informationen
* übersetzen Informationen in die Sprache der Mathematik

1

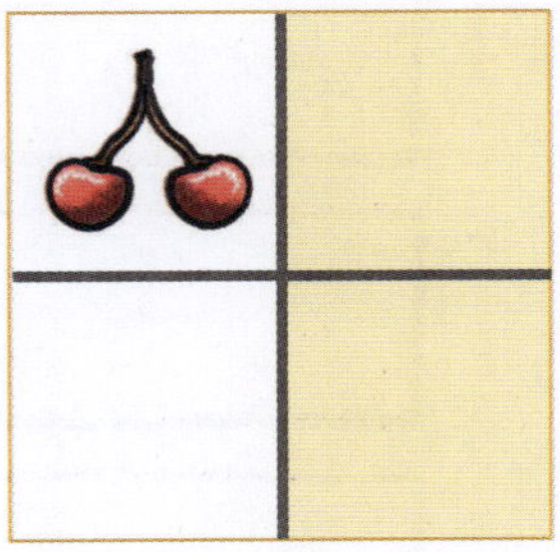

2

Verdoppeln und Halbieren

1 5, 10 rot | 6, 12 grün | 7, 14 gelb | 8, 16 braun | 9, 18 blau

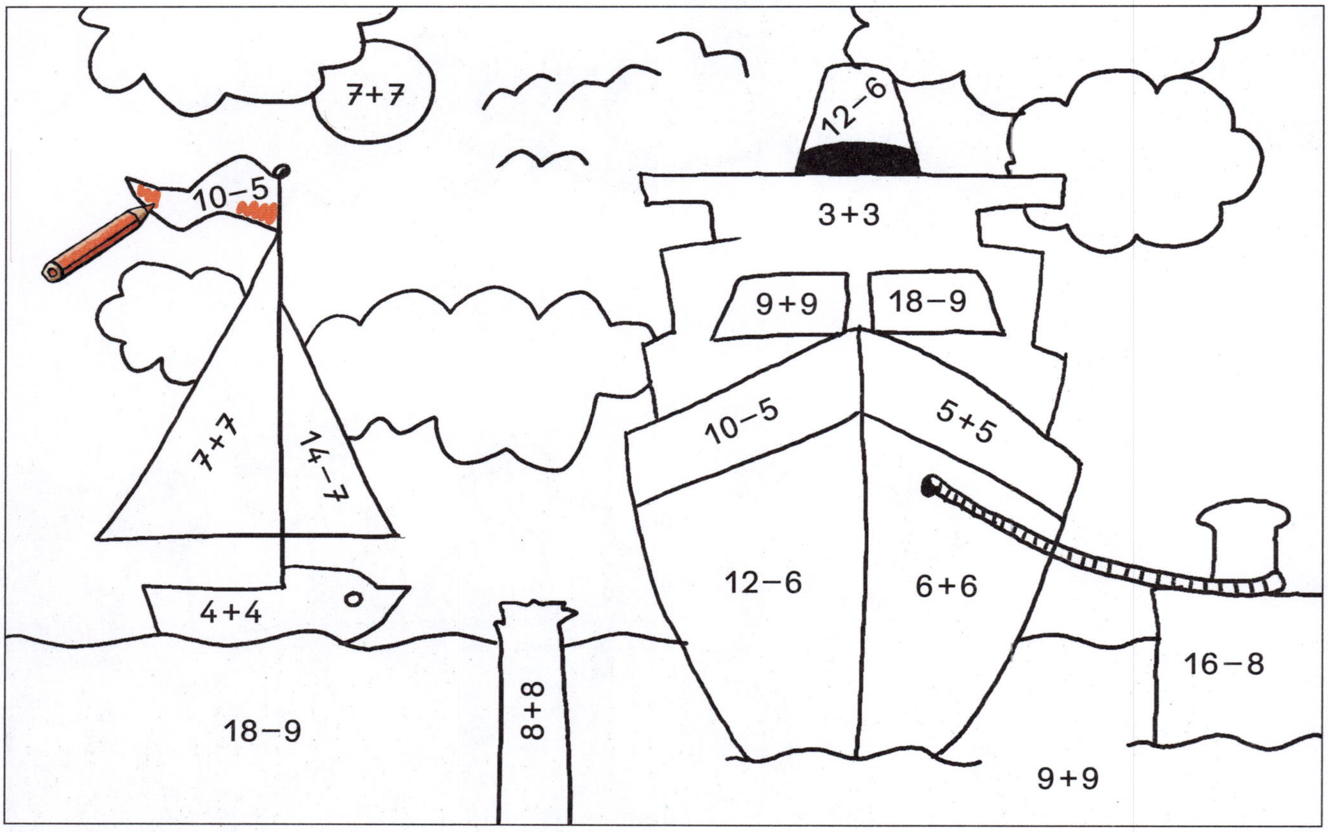

2

2 + □	10	8 − □
4 + □	6	16 − □
3 + □	8	20 − □
1 + □	4	12 − □
5 + □	2	4 − □

* verfügen über Kenntnisse und Fertigkeiten beim schnellen Kopfrechnen durch Verdoppeln und Halbieren

Aufgaben mit Verdoppeln und Halbieren üben

1
2 + 2 = ☐ 3 + 3 = ☐ 10 + 10 = ☐
6 + 6 = ☐ 7 + 7 = ☐ 4 + 4 = ☐
8 + 8 = ☐ 5 + 5 = ☐ 9 + 9 = ☐

2
12 − 6 = ☐ 14 − 7 = ☐ 10 − 5 = ☐
18 − 9 = ☐ 20 − 10 = ☐ 16 − 8 = ☐
4 − 2 = ☐ 8 − 4 = ☐ 6 − 3 = ☐

3
6 + 6 10 + 10 ☐ + ☐
8 + 8 9 + 9

6	7	8	9	10	11	12	13	14	15	16	17	18	19	20

14 − 7 ☐ − ☐ 12 − 6
20 − 10 18 − 9

* verfügen über Kenntnisse und Fertigkeiten beim schnellen Kopfrechnen durch Verdoppeln und Halbieren

1

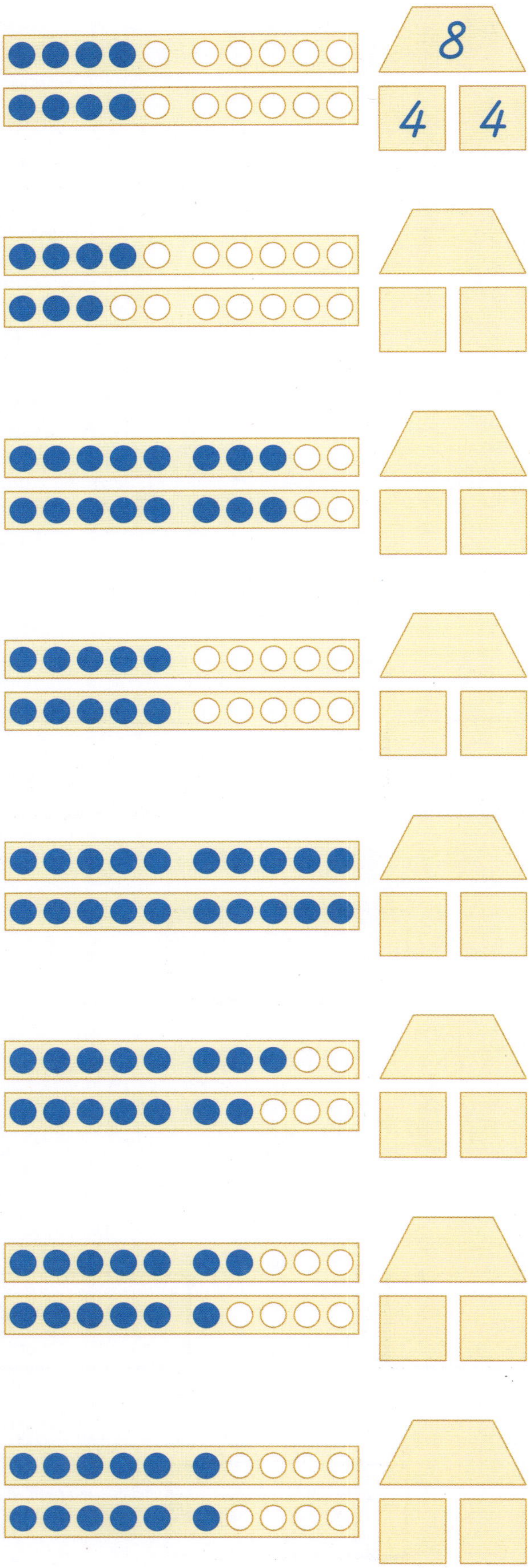

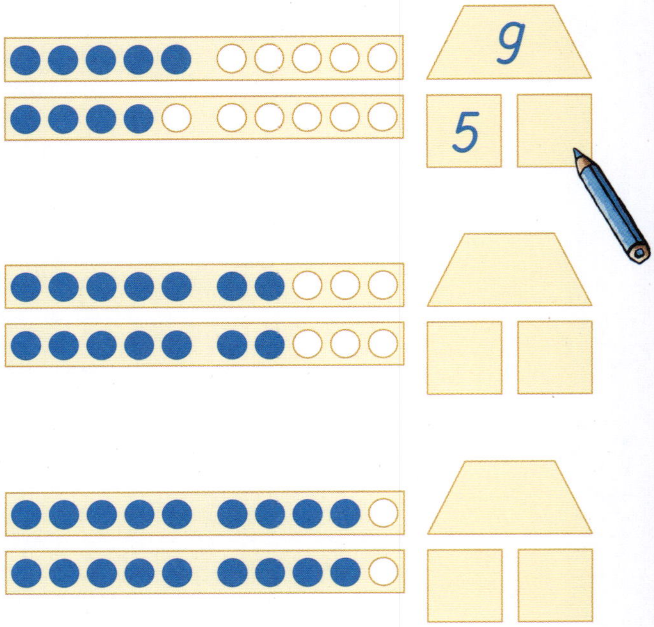

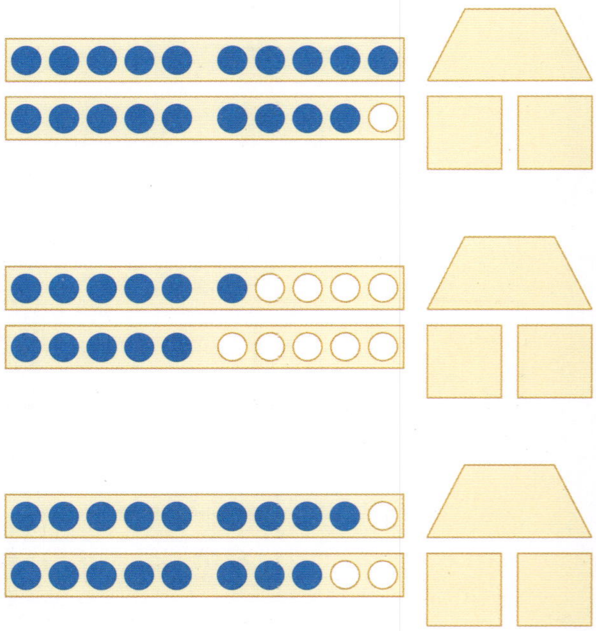

* stellen Vermutungen über mathematische Zusammenhänge an
* übertragen eine Darstellung in eine andere

Gerade und ungerade Zahlen erkennen und ausmalen

1

2

1 2 3 4 5 6 7 8

9 10 11 12 13 14

15 16 17 18 19 20

3

1	2	3	4	5	6	7	8	9	10
11	12	13	14	15	16	17	18	19	20

→ Ü Seite 33

* ordnen Zahlen nach den Eigenschaften „gerade“ und „ungerade“
* verwenden dabei mathematische Fachbegriffe richtig

1

2 Zeichne die Reihen aus Formen und Farben weiter.

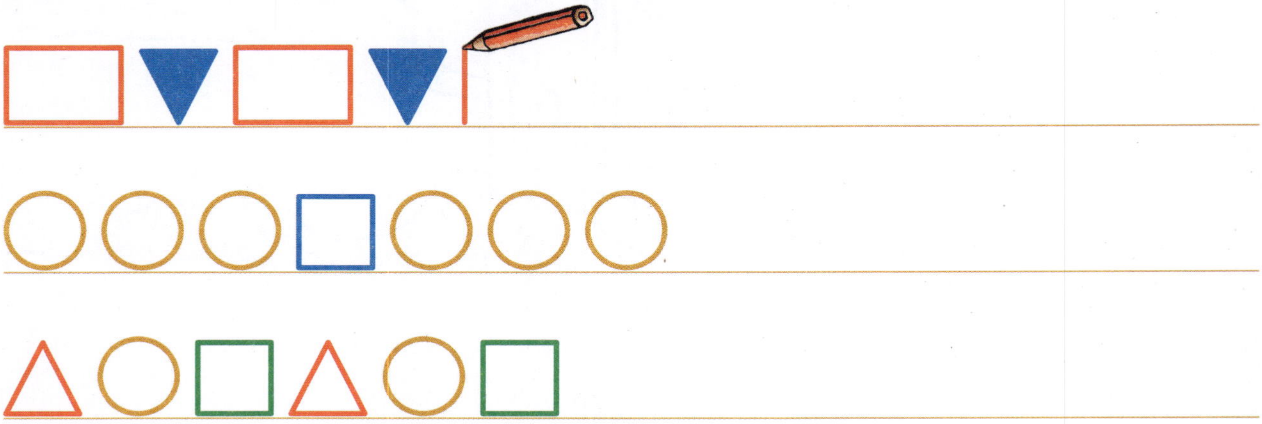

3 Erfinde Reihen aus Formen.

→ 15 6

→ 20 13 4

→ 11 17 6 19

* erkennen und beschreiben Gesetzmäßigkeiten in Reihen aus geometrischen Grundformen und setzen diese fort
* bearbeiten Aufgabenstellungen gemeinsam, kooperieren und kommunizieren
* erfinden Aufgaben zu vorgegebenen Problemstellungen

→ Ü Seite 34

Reihen fortsetzen und gestalten

1 Setze die Reihen fort.

A A T A A T

1 3 3 5 2 1 3 3 5

2 Finde eigene Reihen.

⋆ erkennen und beschreiben Gesetzmäßigkeiten in Reihen und setzen diese fort
⋆ erfinden Aufgaben zu vorgegebenen Problemstellungen
⋆ übertragen Vorgehensweisen auf ähnliche Sachverhalte

1 Finde Fehler.

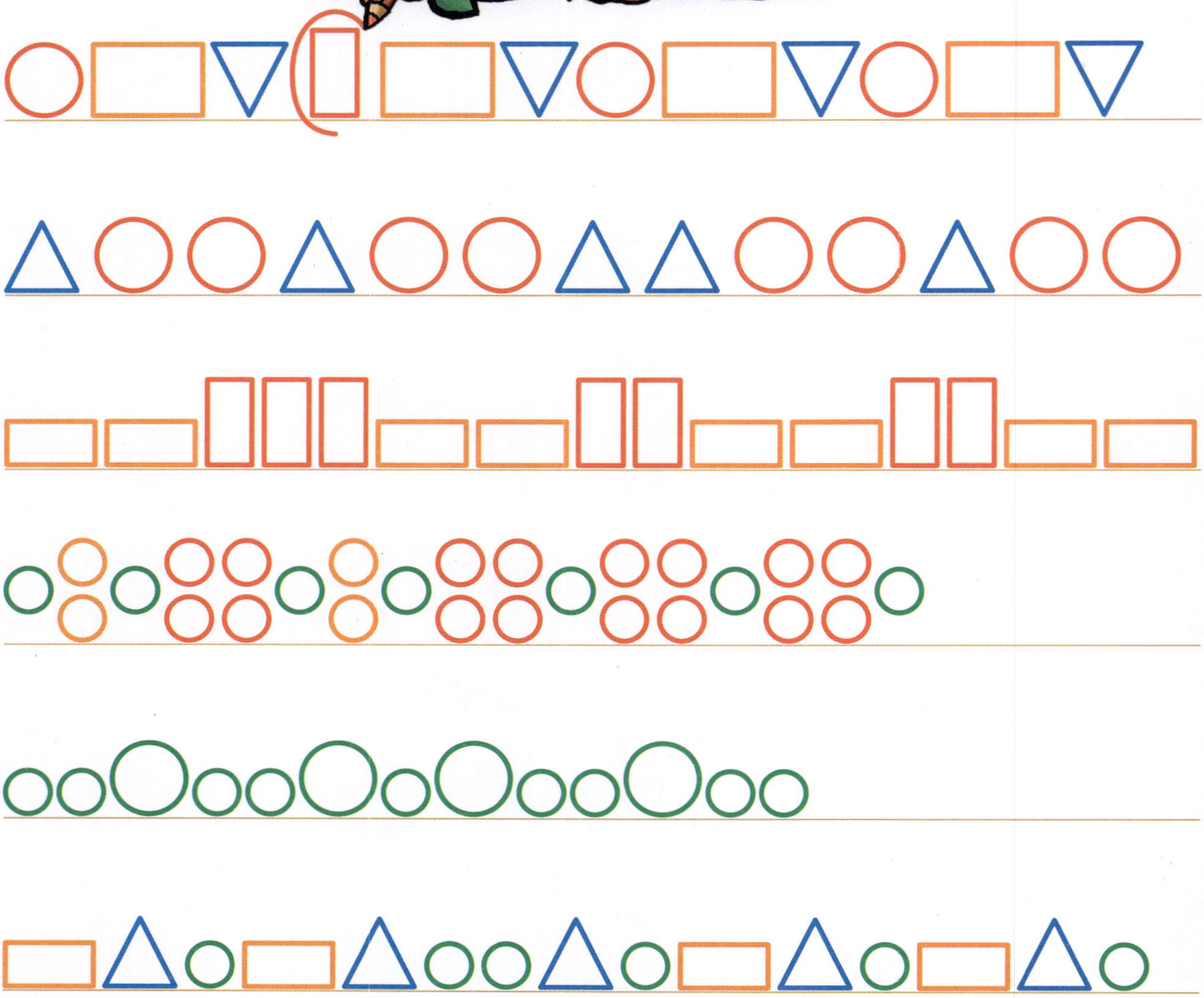

2 Streiche immer die falsche Zahl durch.

2	4	6	~~7~~	8	10	12	
1	3	5	7	9	10	11	13
18	15	12	9	8	6	3	
100	80	70	60	40	20		

★ überprüfen Muster auf ihre Regelmäßigkeit
★ finden und korrigieren Fehler

1 Setze die Reihen fort.

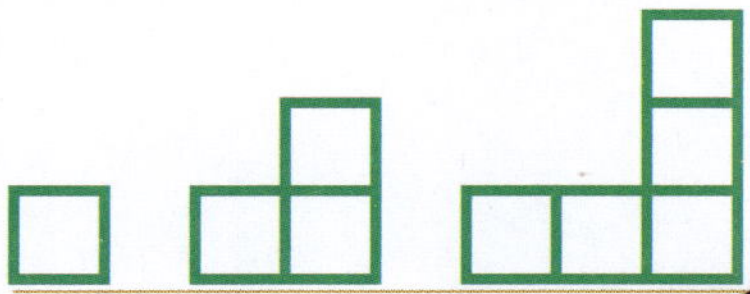

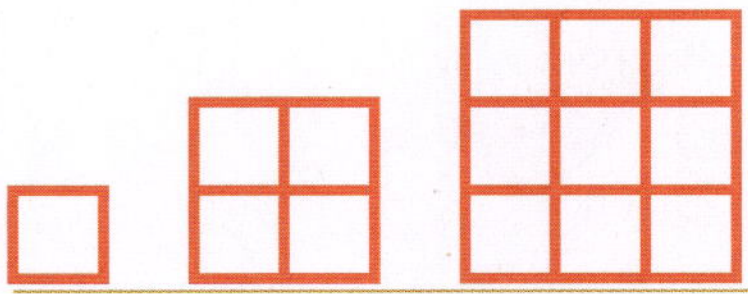

2 Wähle aus Aufgabe **1** eine Reihe aus.
Übertrage sie in Zahlen.

___ , ___ , ___ , ___ , ___ , ___

Muster fortsetzen und gestalten

1

2 Setze die Muster fort.

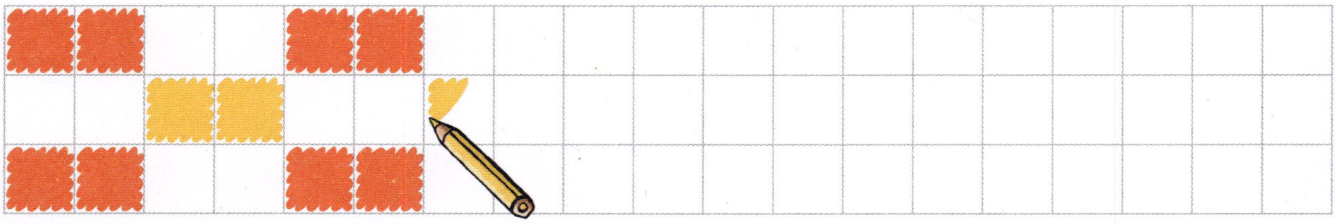

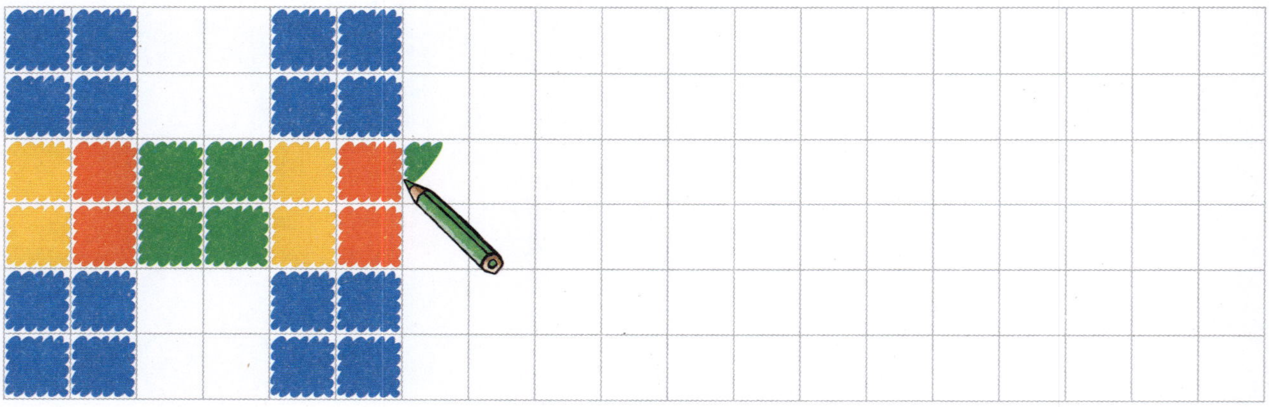

3 Zeichne Muster.

Das ist leicht:

Das ist schwierig:

* erkennen Strukturen vorgegebener Flächenmuster und setzen diese fort
* erfinden selbst einfache und komplexere Flächenmuster